Abrham Mengistu
Dagnachew Melesew

Noções básicas de programação do Arduino Uno para iniciantes

Abrham Mengistu
Dagnachew Melesew

Noções básicas de programação do Arduino Uno para iniciantes

ScienciaScripts

Imprint

Cover image: www.ingimage.com

This book is a translation from the original published under ISBN 978-620-2-09456-6.

Publisher:
Sciencia Scripts
is a trademark of
Dodo Books Indian Ocean Ltd. and OmniScriptum S.R.L publishing group

120 High Road, East Finchley, London, N2 9ED, United Kingdom
Str. Armeneasca 28/1, office 1, Chisinau MD-2012, Republic of Moldova, Europe
Printed at: see last page
ISBN: 978-620-7-96988-3

Conteúdo

PARTE 1

Introdução

1. O que é o Arduino?

O Arduino é uma placa de circuito programável de código aberto que pode ser integrada numa grande variedade de projectos, desde os mais simples aos mais complexos. Esta placa contém um microcontrolador que pode ser programado para detetar e controlar objectos no mundo físico. Ao responder a sensores e entradas, o Arduino é capaz de interagir com uma grande variedade de saídas, como LEDs, motores e ecrãs. Devido à sua flexibilidade e baixo custo, o Arduino tornou-se uma escolha muito popular para projectos de hardware.

O Arduino foi introduzido em 2005 em Itália por Massimo Banzi como uma forma de os não engenheiros terem acesso a uma ferramenta simples e de baixo custo para criar projectos de hardware. Uma vez que a placa é de código aberto, é lançada sob uma licença Creative Commons que permite a qualquer pessoa produzir a sua própria placa.

1.1. O que é um microcontrolador?

Um microcontrolador (ou MCU para unidade de microcontrolador) é um pequeno computador num único circuito integrado. Um microcontrolador contém uma ou mais CPUs (núcleos de processador) juntamente com memória e periféricos de entrada/saída programáveis. A memória de programação sob a forma de RAM ferroeléctrica, flash NOR ou ROM OTP é também frequentemente incluída no chip, bem como uma pequena quantidade de RAM. Os microcontroladores são concebidos para aplicações incorporadas, em contraste com os microprocessadores utilizados nos computadores pessoais ou noutras aplicações de uso geral que consistem em várias pastilhas discretas.

Os microcontroladores são utilizados em produtos e dispositivos controlados automaticamente, como sistemas de controlo de motores de automóveis, dispositivos médicos implantáveis, controlos remotos, máquinas de escritório, aparelhos, ferramentas eléctricas, brinquedos e outros sistemas incorporados. Ao reduzirem o tamanho e o custo em comparação com uma conceção que utiliza um microprocessador, memória e dispositivos de entrada/saída separados, os microcontroladores tornam económico o controlo digital de um número ainda maior de dispositivos e processos. Os microcontroladores de sinal misto são comuns, integrando componentes analógicos necessários para controlar sistemas electrónicos não digitais.

Alguns microcontroladores podem utilizar palavras de quatro bits e funcionar a frequências tão baixas como 4 kHz, para um baixo consumo de energia (miliwatts ou microwatts de um dígito). Geralmente, têm a capacidade de manter a funcionalidade enquanto aguardam um evento, como o premir de um botão ou outra interrupção; o consumo de energia durante o sono (relógio da CPU e a maioria dos periféricos desligados) pode ser de apenas nanowatts, o que torna muitos deles adequados para aplicações com baterias de longa duração. Outros microcontroladores podem servir funções de desempenho crítico, em que podem ter de atuar mais como um processador de sinal digital (DSP), com velocidades de relógio e consumo de energia mais elevados.

Figura 1: Placa Arduino uno

1.2. Tipos de placas Arduino

O Arduino é uma óptima plataforma para criar protótipos de projectos e invenções, mas pode ser confuso quando se tem de escolher a placa certa. Se é novo no assunto, pode ter pensado que havia apenas uma placa "Arduino" e pronto. Na realidade, existem muitas variações das placas Arduino oficiais e centenas de outras placas de concorrentes que oferecem clones. O fator a ter em conta na escolha de uma placa é o tipo de projeto que se pretende realizar. Por exemplo, se pretender criar um projeto de eletrónica vestível, pode considerar a placa LilyPad da Sparkfun. A LilyPad foi concebida para ser facilmente cosida em projectos de têxteis electrónicos e de vestuário. Se o seu projeto tiver um formato pequeno, poderá querer utilizar o Arduino Pro Mini, que ocupa uma área muito pequena em comparação com outras placas. Abaixo estão alguns exemplos dos diferentes tipos de placas Arduino existentes.

Figura 2: Tipos de placas Arduino

1.3. Arduino Uno

Uma das placas Arduino mais populares é a Arduino Uno. Embora não tenha sido a primeira placa a ser lançada, continua a ser a mais utilizada e a mais amplamente documentada no mercado.

Figura 2: Peças do Arduino uno

Eis os componentes que constituem uma placa Arduino e as funções de cada um deles.

1. **Botão Reset**: Isto irá reiniciar qualquer código que esteja carregado na placa Arduino

2. **AREF**: Significa "Analog Reference" (Referência analógica) e é utilizado para definir uma tensão de referência externa

3. **Pino de terra**: Existem alguns pinos de terra no Arduino e todos eles funcionam da mesma forma

4. **Entrada/Saída digital**: Os pinos 0-13 podem ser utilizados para entrada ou saída digital

5. **PWM**: Os pinos marcados com o símbolo (~) podem simular a saída analógica

6. **Ligação USB**: Utilizada para ligar o seu Arduino e carregar esboços 7. **TX/RX**: LEDs de indicação de transmissão e receção de dados

8 . **Microcontrolador ATmega**: Este é o cérebro e é onde os programas são armazenados

9 . **Indicador LED de alimentação**: Este LED acende-se sempre que a placa está ligada a uma fonte de alimentação

10 **Regulador de tensão**: controla a quantidade de tensão que entra na placa Arduino

11 . **Tomada de alimentação DC**: É utilizada para alimentar o seu Arduino com uma fonte de alimentação

12 .**3.3V Pin** : Este pin fornece 3,3 volts de energia aos seus projectos

13 **Pino** .**5V**: Este pino fornece 5 volts de energia aos seus projectos

14 . **Pinos de terra** : Existem alguns pinos de terra no Arduino e todos eles funcionam da mesma forma

15 **Pinos analógicos**: Estes pinos podem ler o sinal de um sensor analógico e convertê-lo em digital

1.3.1. Fonte de alimentação Arduino uno

O Arduino Uno necessita de uma fonte de alimentação para poder funcionar e pode ser alimentado de várias formas. Pode fazer o que a maioria das pessoas faz e ligar a placa diretamente ao seu computador através de um cabo USB. Se quiser que o seu projeto seja móvel, considere a possibilidade de utilizar uma bateria de 9V para lhe dar energia. O último método seria utilizar uma fonte de alimentação de 9V AC.

1.3.2. Arduino uno Breadboard

Outro item muito importante quando se trabalha com o Arduino é uma placa de ensaio sem solda. Este dispositivo permite-lhe criar protótipos do seu projeto Arduino sem ter de soldar permanentemente o circuito. A utilização de uma placa de ensaio permite-lhe criar protótipos temporários e experimentar diferentes designs de circuitos. No interior dos orifícios (pontos de ligação) da caixa de plástico, existem clips metálicos que estão ligados entre si por tiras de material condutor.

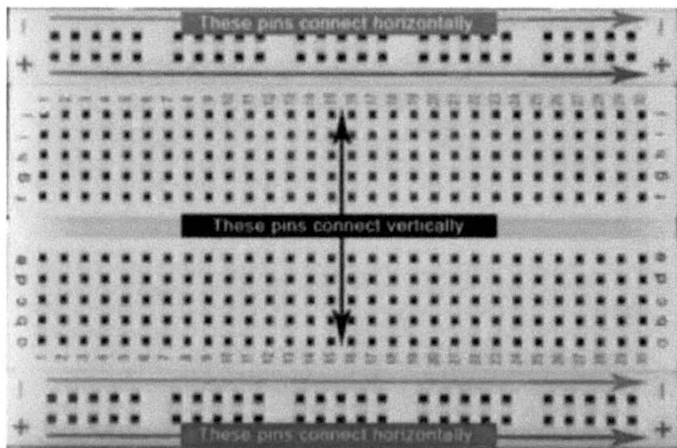

Figura 3: Placa de circuito impresso Arduino

Para além disso, a placa de ensaio não é alimentada por si só e precisa de ser alimentada pela placa Arduino através de fios de ligação em ponte. Estes fios são também utilizados para formar o circuito, ligando resistências, interruptores e outros componentes. Pode utilizar um cabo de rede UTP para ligar o Arduino e a placa de ensaio do Arduino, mas existem cabos normais no mercado.

Figura 4: circuito Arduino concluído

1.3.3. Como programar o Arduino uno

Depois de o circuito ter sido criado na placa de ensaio, é necessário carregar o programa (conhecido como sketch) para o Arduino. O esboço é um conjunto de instruções que indica à placa as funções que deve executar. Uma placa Arduino só pode conter e executar um esboço de cada vez. O software utilizado para criar os esboços do Arduino chama-se IDE, que significa Integrated Development Environment (ambiente de desenvolvimento integrado).

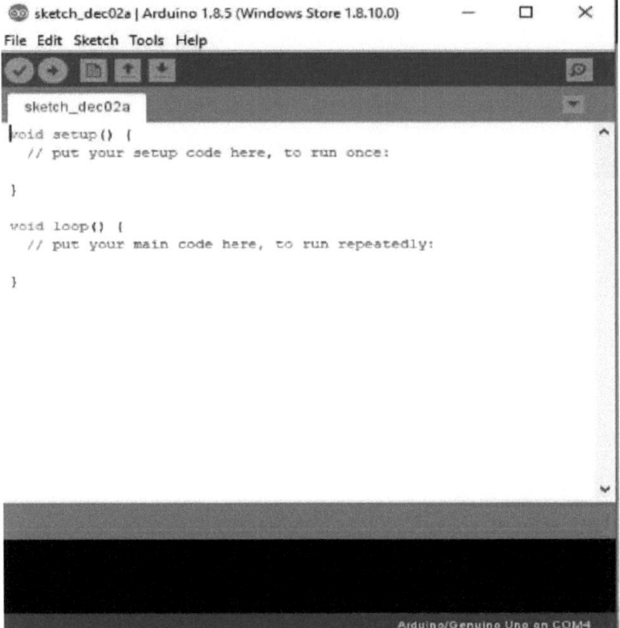

Figura 5: IDE Arduino

1.3.4. A configuração inicial

Temos de configurar o ambiente para o menu **Tools (Ferramentas)** e selecionar **Board (Direção)**.

Em seguida, selecione o tipo de Arduino que pretende programar, no nosso caso é o **Arduino**

Uno.

✓ Arduino Uno
Arduino Duemilanove w/ ATmega328
Arduino Diecimila or Duemilanove w/ ATmega168
Arduino Nano w/ ATmega328
Arduino Nano w/ ATmega168
Arduino Mega 2560 or Mega ADK
Arduino Mega (ATmega1280)
Arduino Leonardo
Arduino Esplora
Arduino Micro
Arduino Mini w/ ATmega328
Arduino Mini w/ ATmega168
Arduino Ethernet
Arduino Fio
Arduino BT w/ ATmega328
Arduino BT w/ ATmega168
LilyPad Arduino USB

1.3.5. O Código

O código que escreve para o seu Arduino é conhecido como **sketches**. São escritos em C++.

Todos os sketchs necessitam de duas *funções de tipo void*, setup() e loop(). Uma função de tipo void não devolve qualquer valor.

O método setup() é executado uma vez logo após o Arduino ser ligado e o método loop() é executado continuamente depois disso. O método setup() é onde se pretende

faz quaisquer passos de inicialização, e em loop() pretende executar o código que pretende executar repetidamente.

void setup() : Configura coisas que têm de ser feitas uma vez e depois não voltam a acontecer.

void loop() : Contém as instruções que são repetidas vezes sem conta até que a placa seja desligada.

PARTE 2

Trabalhar com luzes LED

2. Projectos Arduino para luz LED intermitente

Exemplo 1

Projectos Arduino simples para luz LED intermitente

Ferramentas e peças necessárias

Para realizar os projectos deste tutorial, tem de se certificar de que possui os seguintes itens.

1. Placa Arduino Uno
2. Prancheta
3. Fios de ligação
4. Cabo USB
5. LED (5mm)
6. Resistência de 220 Ohm

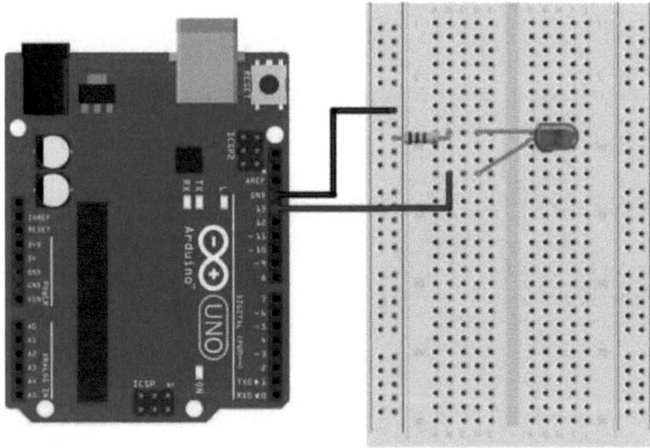

2.1. Ligar as peças

Passo 1 - Insira o fio de ligação direta preto no pino GND (terra) do Arduino e depois na calha GND da linha 15 da placa de ensaio (pino terra (GND) para A0)

Passo 2 - Insira o fio de ligação direta vermelho no pino 13 do Arduino e, em seguida, a outra extremidade em F7 na placa de ensaio (Pino 13 para pino 13 da placa de ensaio)

Passo 3 - Colocar a perna LONGA do LED em H7

Passo 4 - Colocar a perna CURTA do LED em H4

Passo 5 - Dobre ambas as pernas de uma resistência de 220 Ohm e coloque uma perna na calha GND

à volta da carreira 4 e da outra perna em I4

Passo 6 - Ligue o Arduino Uno ao seu computador através de um cabo USB

(Pino 13 para pino 13 da placa de ensaio

Resistências de B0 a B10

Luz LED de B13 a C10)

Depois de completar o circuito mostrado abaixo

2.2. Escrever o código

```
int LED=13;
void setup()
{
 pinMode(LED,OUTPUT);
}
void loop()
{
 digitalWrite(LED,HIGH);
 delay(5000);
 digitalWrite(LED,LOW);
 delay(5000);
}
```

Botão Verificar: Compila o seu código e verifica se existem erros ortográficos ou de sintaxe.

Botão Upload: Envia o código para a placa que está ligada, como o Arduino Uno, neste caso. As luzes da placa piscam rapidamente durante o carregamento.

Novo esboço: Abre uma nova janela contendo um esboço em branco.

Guardar esboço: Esta opção guarda o esboço que tem atualmente aberto.

Open Existing Sketch: Permite-lhe abrir um esboço guardado ou um dos exemplos guardados.

Compilação do código

Se esta é a primeira vez que compila código para o seu Arduino, antes de o ligar ao computador, vá ao menu **Tools (Ferramentas)**, depois **Serial Port (Porta série)** e tome nota do que aí aparece.

Aqui está o aspeto do meu antes de ligar o Arduino UNO:

```
/dev/tty.Bluetooth-PDA-Sync
/dev/cu.Bluetooth-PDA-Sync
/dev/tty.Bluetooth-Modem
/dev/cu.Bluetooth-Modem
```

Ligue a sua placa Arduino UNO ao cabo USB e ao seu computador. Agora volte ao menu **Tools > Serial Port (Ferramentas > Porta série)** e deverá ver pelo menos uma nova opção. No meu Mac aparecem 2 novas portas de série.

```
/dev/tty.Bluetooth-PDA-Sync
/dev/cu.Bluetooth-PDA-Sync
/dev/tty.Bluetooth-Modem
/dev/cu.Bluetooth-Modem
✓ /dev/tty.usbmodem1411
/dev/cu.usbmodem1411
```

Saída

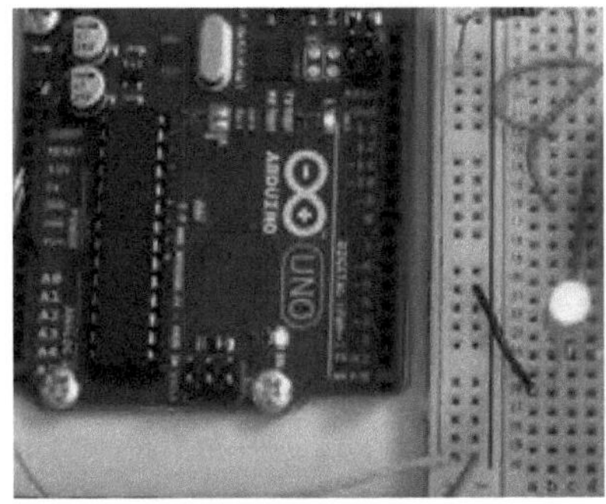

Projectos Arduino para luz LED intermitente com botão de pressão

Exemplo 1

Projectos Arduino simples para luz LED intermitente com botão de pressão

Ferramentas e peças necessárias

1. Placa Arduino Uno
2. Prancheta
3. Fios de ligação
4. Cabo USB
5. LED (5mm)
6. Interruptor de botão de pressão......................... 
7. Resistência de 220 Ohm
8. **4.1. Ligar as peças**

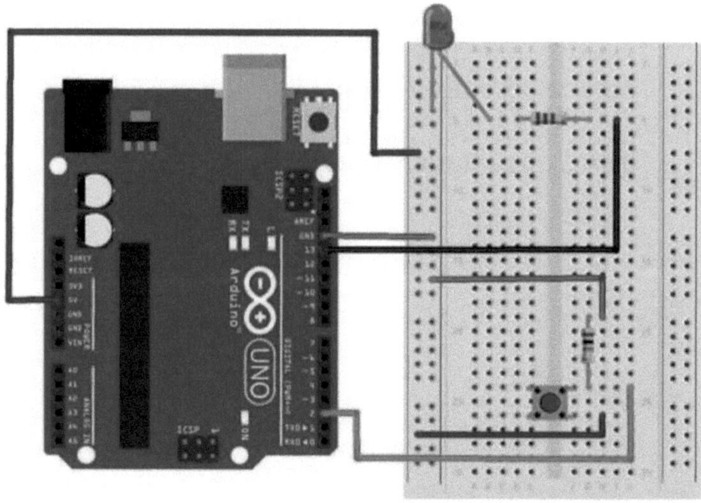

Pode construir o seu circuito Arduino olhando para a imagem da breadboard acima ou utilizando a descrição escrita abaixo. Na descrição escrita, utilizaremos uma combinação de letra/número que se refere à localização do componente. Se mencionarmos H19, por exemplo, isso refere-se à coluna H, linha 19 na placa de ensaio.

Passo 1 - Ligue o fio de ligação direta azul do GND no Arduino à barra GND (linha azul) na placa de ensaio perto de A13

Passo 2 - Ligue o fio de ligação direta azul da barra GND na placa de ensaio, perto de A17, a H19

Passo 3 - Ligar o fio de ligação direta vermelho da barra de alimentação na placa de ensaio à volta da linha A27 a H26

Passo 4 - Ligue o fio de ligação direta verde do pino 2 do Arduino ao J24 da placa de ensaio

Passo 5 - Coloque uma perna de uma resistência de 10k Ohm em G19 e a outra perna em G24

Etapa 6 - Colocar o botão de pressão em F24, F26, E24 e E26

Passo 7 - Coloque uma perna de uma resistência de 220 Ohm em D5 e a outra perna em G5

Passo 8 - Insira a perna curta do LED na calha GND à volta de A5 e a perna longa em B5

Passo 9 - Ligue o fio de ligação direta preto do pino 13 do Arduino a I5 na placa de ensaio

Passo 10 - Ligue o fio de ligação direta vermelho de 5V no Arduino à barra de alimentação (+) perto de A8

Passo 11 - Ligue o Arduino Uno ao seu computador através de um cabo USB

Finalmente, terá este tipo de circuito completo

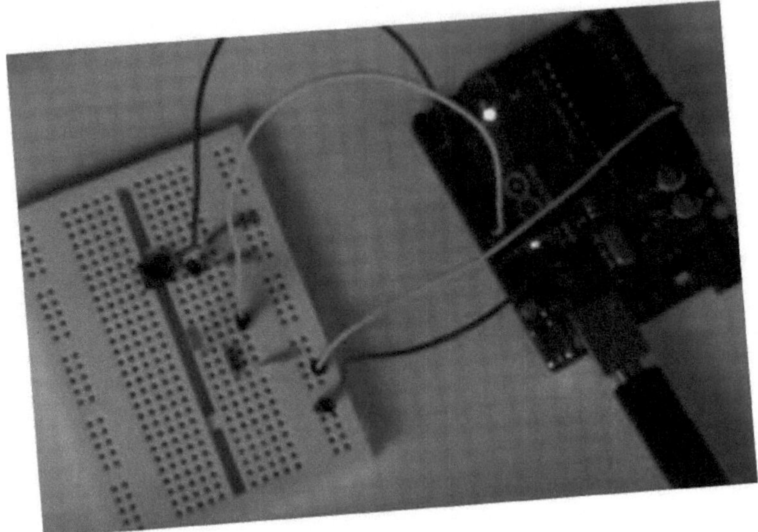

Codificação

```
const int buttonPin = 2;          // o número do pino    do botão de pressão

const int ledPin = 13;            // o número do pino do LED

// as variáveis serão alteradas:

int buttonState = 0;              // variável para ler o estado do botão de pressão

void setup() {

// inicializar o pino LED como uma saída:

pinMode(ledPin, OUTPUT);

// inicializar o pino do botão de pressão como uma entrada:

pinMode(buttonPin, INPUT);

}

void loop() {

// ler o estado do valor do botão de pressão:
```

```
buttonState = digitalRead(buttonPin);
// verificar se o botão de pressão está premido. Se estiver, o buttonState é HIGH:
se (buttonState == HIGH) {
// ligar o LED:
digitalWrite(ledPin, HIGH);
} else {
// desligar o LED:
digitalWrite(ledPin, LOW);
}
}
```

SAÍDA

2.5. Projectos Arduino para fazer piscar mais do que uma luz LED

Exemplo 3

Projectos Arduino para fazer piscar mais do que uma luz LED

Ferramentas e peças necessárias

Para realizar os projectos, é necessário ter em conta os seguintes elementos

1. Placa Arduino Uno
2. Prancheta
3. Mais de um fio de ligação
4. Cabo USB
5. Mais do que um LED (5 mm)
6. Mais do que uma resistência de 220 Ohm

O circuito

Os ânodos dos LEDs são ligados em série com uma resistência de 220 ohms aos pinos 11, 12 e 13 do Due. Os seus cátodos ligam-se à terra.

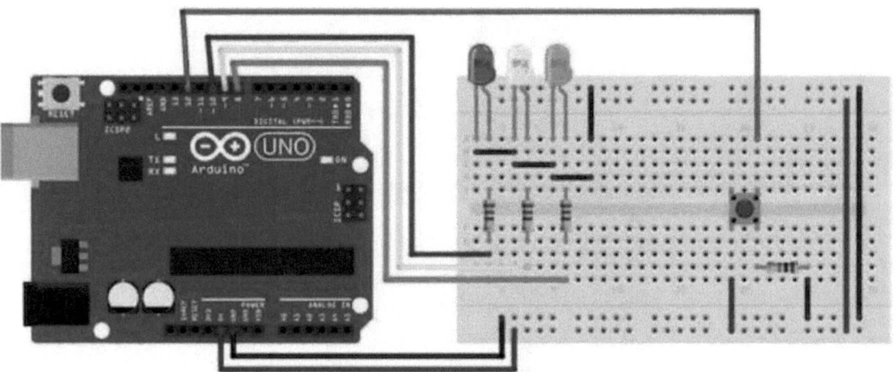

O Código

Comece por adicionar uma nova variável ao início do programa:

int button = 12; // o interrutor está no pino 12

Agora, na função de configuração, adicione uma nova linha para declarar o interrutor como uma entrada. Também adicionei uma única linha para iniciar os semáforos na fase verde. Sem essa configuração inicial, eles ficariam desligados, até a primeira vez que uma changeLights() fosse iniciada usando uma função.

```
pinMode(botão, INPUT);
digitalWrite(green, HIGH);
```

Em vez disso, altere toda a função de loop para o seguinte:

```
void loop() {
Se (digitalRead(botão) == HIGH){
delay(15); // atraso de software
se (digitalRead(botão) == HIGH) {
// se o interrutor estiver em HIGH, ou seja, empurrado para baixo - mudar as luzes!
changeLights();
delay(15000); // espera 15 segundos
}
}
}
int green1 =13;
int yellow1=12;
int red1=11;
void setup()
{
pinMode(green1,OUTPUT);
pinMode(yellow1,OUTPUT);
pinMode(red1,OUTPUT);
}
void loop()
{
```

```
changeLight();
atraso(500);
} void changeLight()
{
digitalWrite(green1,HIGH); digitalWrite(yellow1,LOW);
digitalWrite(red1,LOW); delay(500);
//
digitalWrite(green1,LOW);
digitalWrite(yellow1,HIGH);
digitalWrite(red1,LOW); delay(500);
//
digitalWrite(green1,LOW);
digitalWrite(yellow1,LOW);
digitalWrite(red1,HIGH);
atraso(500);
}
```

2.6. Semáforo de rua de sentido único

Exemplo 3

Semáforo simples de rua de sentido único do Ardunio

Ferramentas e peças necessárias

Para realizar os projectos, é necessário ter em conta os seguintes elementos

1 x Arduino Uno

1 x Cabo USB A/B para ligar o Arduino ao seu PC

1 x placa de ensaio (metade do tamanho, com calhas de tensão)

1 x LED vermelho

1 x LED amarelo

1 x LED verde

3 x Resistências de 100 Ohm (castanho preto castanho)

4 x Fios para placa de circuito impresso (22 AWG, aprox. 6+ polegadas de comprimento)

O circuito

Os ânodos dos LEDs são ligados em série com uma resistência de 220 ohms aos pinos 11, 12 e 13 do Due. Os seus cátodos ligam-se à terra.

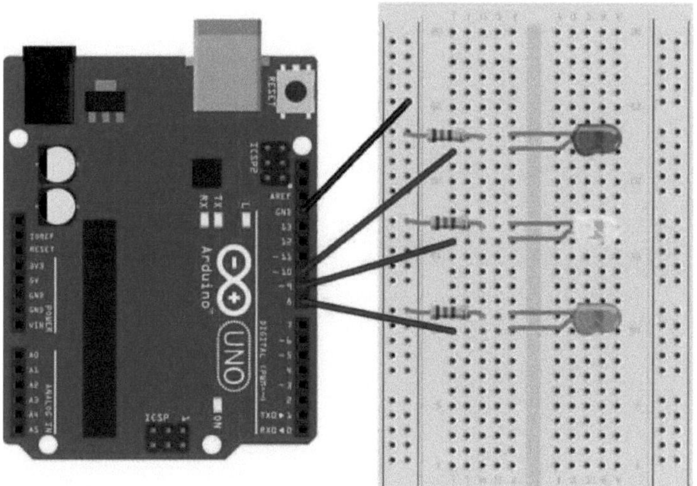

Codificação

//Luzes de trânsito

//Declarar os pinos do LED e do botão e o estado inicial int redPin = 2; int yellowPin = 3;

int greenPin = 4;

int buttonPin = 5 ;

int estado = 0;

```
void setup()
{
//Declarar o funcionamento do LED e do botão pinMode(redPin, OUTPUT);
pinMode(yellowPin, OUTPUT);
pinMode(greenPin, OUTPUT); pinMode(buttonPin, INPUT);
}
void loop()
{
se (digitalRead(buttonPin))
{
se (estado == 0)
{
digitalWrite(redPin,HIGH);
digitalWrite(yellowPin,LOW);
digitalWrite(greenPin,LOW);
estado = 1 ;
}
senão se (estado == 1)
{
digitalWrite(redPin,HIGH);
digitalWrite(yellowPin,HIGH);
digitalWrite(greenPin,LOW);
estado = 2;
}
```

```
senão se (estado == 2)

{

digitalWrite(redPin,LOW);

digitalWrite(yellowPin,LOW);

digitalWrite(greenPin,HIGH);

estado = 3;

}

senão se (estado == 3)

{

digitalWrite(redPin,LOW);

digitalWrite(yellowPin,HIGH);

digitalWrite(greenPin,LOW);

estado = 0;

}

delay(1000); //o atraso pode ser alterado para 2 segundos, 3 segundos, etc. }

}

void setLights(int red, int yellow, int green) {

digitalWrite(redPin, red);

digitalWrite(yellowPin, amarelo);

digitalWrite(greenPin, green);
```

2.7. Controlador de semáforos Ardunio

Exemplo 3

Controlador de semáforos Ardunio

Ferramentas e peças necessárias

1. Arduino UNO
2. Resistência de 1KΩ X 12
3. LEDs vermelhos X 4
4. LEDs amarelos X 4
5. LEDs verdes X 4
6. Cabos de ligação
7. Placa de prototipagem
8. Adaptador de corrente

Componente Descrição

Arduino UNO: A parte principal do controlador de semáforos é o próprio controlador. Neste projeto, o Arduino UNO servirá para controlar a comutação dos LEDs e os respectivos tempos.

LEDs: Os LEDs utilizados no projeto são LEDs básicos de 5mm das cores Vermelho, Amarelo e Verde. A corrente máxima que pode ser permitida através destes LEDs (Vermelho, Amarelo e Verde em particular) é de 20mA. (Para o LED Azul, a corrente máxima pode ir até 30mA).

Conceção de circuitos

Uma vez que o projeto é um controlador de semáforos, o circuito é composto por muitos LEDs (12, na verdade), uma vez que estamos a implementar semáforos num cruzamento de 4 vias. O projeto é uma representação simples do controlador de semáforos e, por isso, não são utilizados outros componentes extra.

São necessários três LEDs de cores vermelha, amarela e verde em cada intersecção. A intersecção está dividida em quatro faixas: Faixa 1, Faixa 2, Faixa 3 e Faixa 4.

Todos os LEDs estão ligados aos pinos de E/S digital do Arduino UNO através das respectivas resistências limitadoras de corrente de 1KΩ.

Todas as ligações são efectuadas de acordo com o diagrama do circuito. O diagrama elétrico completo do circuito é apresentado abaixo.

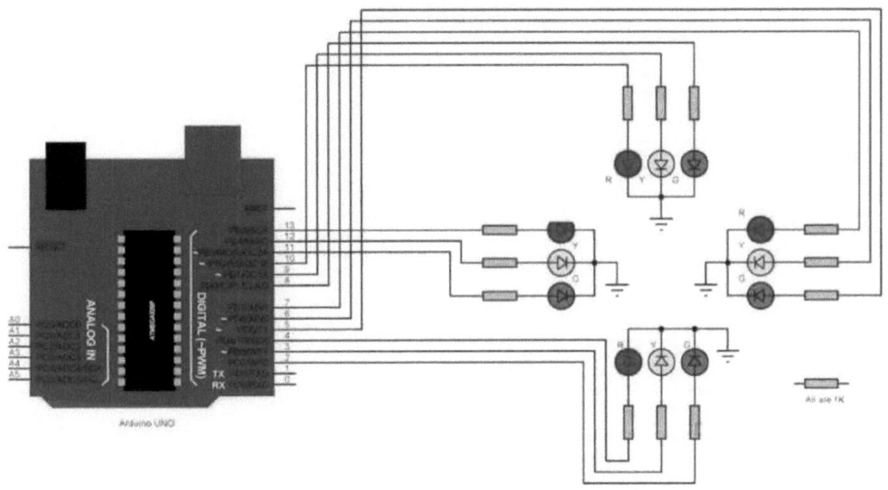

Funcionamento do projeto de controlador de semáforos

O controlador de semáforos em tempo real é um equipamento complexo que consiste num quadro elétrico, num controlador principal ou processador, em relés, num painel de controlo com interruptores ou chaves, em portas de comunicação, etc. Neste projeto, é implementado um sistema simples de semáforos para um cruzamento de 4 vias utilizando o Arduino UNO. Embora não seja a implementação ideal para cenários da vida real, dá uma ideia do processo subjacente ao sistema de controlo de semáforos. O objetivo do projeto é implementar um controlador de semáforos simples utilizando o Arduino UNO, em que o tráfego é controlado num sistema de temporização pré-definido. O funcionamento do projeto é muito simples e é explicado a seguir.

Considere a seguinte imagem gif que mostra um ciclo de operações de semáforos. O projeto também é implementado da mesma forma.

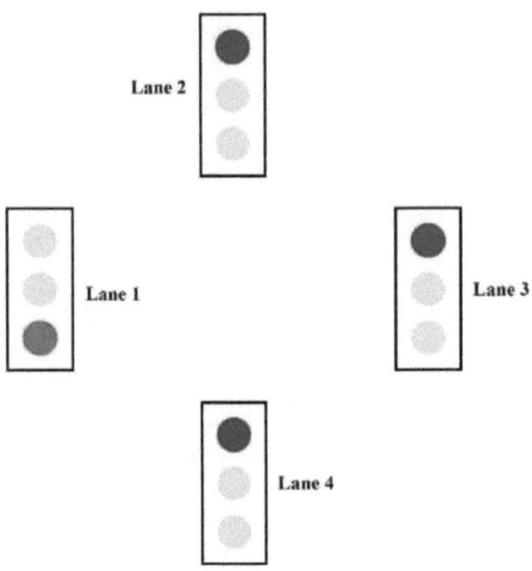

> Neste caso, primeiro a via 1 fica com a luz verde acesa. Por conseguinte, em todas as outras vias, as luzes vermelhas correspondentes são acesas. Após um período de tempo predefinido, digamos 5 segundos, a luz verde da via 3 deve ser ligada e a luz verde da via 1 deve ser desligada.

> Como indicador de aviso, a luz amarela da faixa 1 é ligada para indicar que a luz vermelha está prestes a acender-se. Do mesmo modo, a luz amarela na via 3 também se liga como indicação de que a luz verde está prestes a acender-se.

> As luzes amarelas nas vias 1 e 3 acendem-se durante um pequeno período de tempo, digamos 2 segundos, após o que a luz vermelha na via 1 se acende e a luz verde na via 3 também se acende.

> A luz verde da via 3 também é ligada durante um período de tempo predefinido e o processo avança para a via 4 e, finalmente, para a via 2.

> O sistema regressa então à pista 1, onde o processo acima referido é repetido.

Codificação

int Pista1[] = {13,12,11}; // Pista 1 Vermelha, Amarela e Verde

```
int Pista2[] = {10,9,8};// Pista 2 Vermelha, Amarela e Verde
int Pista3[] = {7,6,5};// Pista 3 Vermelha, Amarela e Verde
int Pista4[] = {4,3,2};// Pista 4 Vermelha, Amarela e Verde
void setup()
{
for (int i = 0; i < 3; i++)
{
pinMode(Pista1[i], SAÍDA);
pinMode(Pista2[i], SAÍDA);
pinMode(Lane3[i], OUTPUT);
pinMode(Lane4[i], OUTPUT);
}
for (int i = 0; i < 3; i++)
{
digitalWrite(Pista1[i], BAIXO);
digitalWrite(Pista2[i], BAIXO);
digitalWrite(Pista3[i], BAIXO);
digitalWrite(Pista4[i], BAIXO);
}
}
void loop()
{
digitalWrite(Pista1[2], ALTO);
digitalWrite(Pista3[0], ALTO);
```

```
digitalWrite(Pista4[0], ALTO);
digitalWrite(Lane2[0], HIGH); delay(7000);
digitalWrite(Pista1[2], BAIXO);
digitalWrite(Pista3[0], BAIXO);
digitalWrite(Pista1[1], ALTO);
digitalWrite(Lane3[1], HIGH); delay(3000);
digitalWrite(Pista1[1], BAIXO);
digitalWrite(Pista3[1], BAIXO);
digitalWrite(Pista1[0], ALTO);
digitalWrite(Lane3[2], HIGH); delay(7000);
digitalWrite(Pista3[2], BAIXO);
digitalWrite(Pista4[0], BAIXO);
digitalWrite(Pista3[1], ALTO);
digitalWrite(Lane4[1], HIGH); delay(3000);
digitalWrite(Pista3[1], BAIXO);
digitalWrite(Pista4[1], BAIXO);
digitalWrite(Pista3[0], ALTO);
digitalWrite(Lane4[2], HIGH); delay(7000);
digitalWrite(Pista4[2], BAIXO);
digitalWrite(Pista2[0], BAIXO);
digitalWrite(Pista4[1], ALTO);
digitalWrite(Lane2[1], HIGH); delay(3000);
digitalWrite(Pista4[1], BAIXO);
digitalWrite(Pista2[1], BAIXO);
```

```
digitalWrite(Pista4[0], ALTO);
digitalWrite(Pista2[2], ALTO);
atraso(7000);
digitalWrite(Pista1[0], BAIXO);
digitalWrite(Pista2[2], BAIXO);
digitalWrite(Pista1[1], ALTO);
digitalWrite(Pista2[1], ALTO);
atraso(3000);
digitalWrite(Pista2[1], BAIXO);
digitalWrite(Pista1[1], BAIXO);
}
```

2.8. Display de 7 segmentos no Arduino

Exemplo 4

Display de 7 segmentos no Arduino

Ferramentas e peças necessárias

1. Arduino Uno 3
2. 7 Ecrã de sete segmentos
3. 2 x 220 Ohm Resistores
4. Fios de ligação

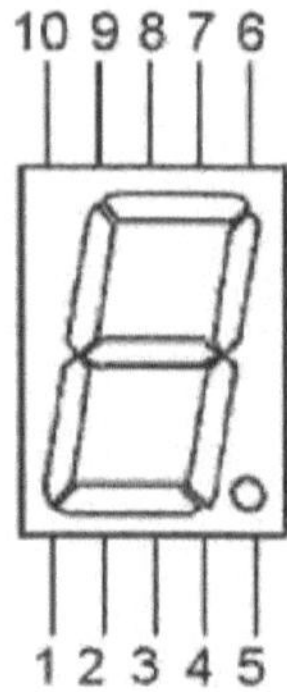

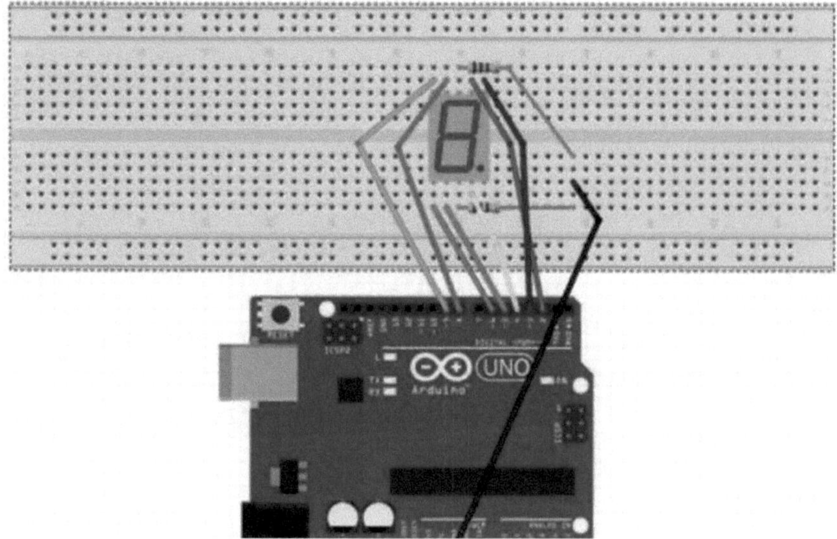

Ligar os pinos descritos abaixo:

1. Pino 2 do Arduino ao Pino 9.
2. Pino 3 do Arduino ao Pino 10.
3. Pino 4 do Arduino para Pino 4.
4. Pino 5 do Arduino para Pino 2...
5. Pino 6 do Arduino para Pino 1.
6. Pino 8 do Arduino para Pino 7.
7. Pino 9 do Arduino para Pino 6.

8. GND ao Pino 3 e ao Pino 8, cada um ligado com resistências de 220 ohm.

Código Arduino

int a = 2; //Para visualização do segmento "a" int b = 3; //Para visualização do segmento "b" int c = 4; //Para visualização do segmento "c" int d = 5; //Para visualização do segmento "d" int e = 6; //Para visualização do segmento "e"

int f = 8; //Para visualizar o segmento "f '

int g = 9; //Para visualizar o segmento "g"

void setup() {

pinMode(a, OUTPUT); //A pinMode(b, OUTPUT); //B pinMode(c, OUTPUT); //C

pinMode(d, OUTPUT); //D pinMode(e, OUTPUT); //E pinMode(f, OUTPUT); //F

pinMode(g, OUTPUT); //G

}

void displayDigit(int digit)

{

/Condições para exibir o segmento a

se(dígito!=1 && dígito != 4) digitalWrite(a,HIGH);

/Condições para a visualização do segmento b if(dígito != 5 && dígito != 6) digitalWrite(b,HIGH);

/Condições para a visualização do segmento c

se(dígito !=2)

digitalWrite(c,HIGH);

/Condições para a visualização do segmento d if(dígito != 1 && dígito !=4 && dígito !=7) digitalWrite(d,HIGH);

/Condições para a visualização do segmento e

se(dígito == 2 || dígito ==6 || dígito == 8 || dígito==0)

```
digitalWrite(e,HIGH);
/Condições para a visualização do segmento f
se(dígito != 1 && dígito !=2 && dígito!=3 && dígito !=7) digitalWrite(f,HIGH);
se (dígito!=0 && dígito!=1 && dígito !=7) digitalWrite(g,HIGH);
}
void turnOff()
{
digitalWrite(a,LOW);
digitalWrite(b,LOW);
digitalWrite(c,LOW);
digitalWrite(d,LOW);
digitalWrite(e,LOW);
digitalWrite(f,LOW);
digitalWrite(g,LOW);
}
void loop() {
for(int i=0;i<10;i++)
{
displayDigit(i); delay(1000);
turnOff();
```

2.9. Utilizar um ecrã de 4 dígitos e 7 segmentos com o Arduino

Exemplo 5

Utilizar um ecrã de 4 dígitos e 7 segmentos com o Arduino

Ferramentas e peças necessárias

1. 4 x 330Ω resistências
2. 12 x fios de ligação macho para macho
3. 1 x Arduino
4. 1 x placa de ensaio de qualquer tamanho (não precisam das barras de alimentação)

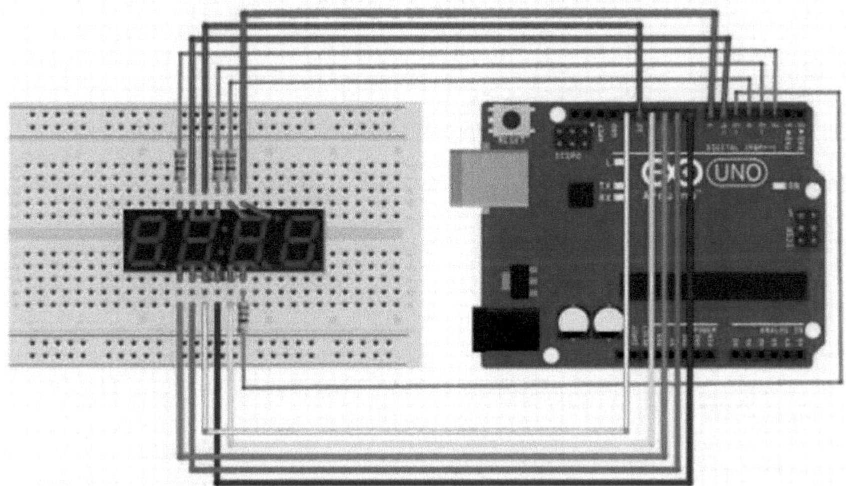

Só para vos dar algum contexto, eis a explicação sobre a utilização de cada pino. 8 dos 12 pinos do ecrã são utilizados para os 8 segmentos. Há 7 segmentos utilizados para formar qualquer dígito e um controla o ponto decimal. Os outros 4 dos 12 pinos controlam cada um dos 4 dígitos do ecrã. Qualquer pino que tenha uma resistência é um dos pinos dos 4 dígitos, caso contrário são os pinos dos segmentos.

Código Arduino

```
// Os pinos 2-8 estão ligados aos 7 segmentos do ecrã.

int pinA = 2;

int pinB = 3;

int pinC = 4;

int pinD = 5 ;
```

```
int pinE = 6;
int pinF = 7;
int pinG = 8;
int D1 = 9;
int D2 = 10;
int D3 = 11;
int D4 = 12;
// a rotina de configuração é executada uma vez quando se carrega em reset:
void setup() {
// inicializar os pinos digitais como saídas.
pinMode(pinA, OUTPUT);
pinMode(pinB, OUTPUT);
pinMode(pinC, OUTPUT);
pinMode(pinD, OUTPUT);
pinMode(pinE, OUTPUT);
pinMode(pinF, OUTPUT);
pinMode(pinG, OUTPUT);
pinMode(D1, OUTPUT);
pinMode(D2, OUTPUT);
pinMode(D3, OUTPUT);
pinMode(D4, OUTPUT);
}
// a rotina do ciclo é executada repetidamente para sempre:
void loop() {
```

```
digitalWrite(D1, HIGH);
digitalWrite(D2, LOW);
digitalWrite(D3, LOW);
digitalWrite(D4, LOW);
//0
digitalWrite(pinA, LOW);
digitalWrite(pinB, HIGH);
digitalWrite(pinC, LOW);
digitalWrite(pinD, LOW);
digitalWrite(pinE, HIGH);
digitalWrite(pinF, LOW);
digitalWrite(pinG, LOW);
delay(1);                          // esperar um segundo
digitalWrite(D1, LOW);
digitalWrite(D2, HIGH);
digitalWrite(D3, LOW);
digitalWrite(D4, LOW);
//1
digitalWrite(pinA, LOW);
digitalWrite(pinB, LOW);
digitalWrite(pinC, LOW);
digitalWrite(pinD, HIGH);
digitalWrite(pinE, LOW);
digitalWrite(pinF, LOW);
```

```
digitalWrite(pinG, LOW);
delay(1);                              // esperar um segundo
digitalWrite(D1, LOW);
digitalWrite(D2, LOW);
digitalWrite(D3, HIGH);
digitalWrite(D4, LOW);
//2
digitalWrite(pinA, HIGH);
digitalWrite(pinB, HIGH);
digitalWrite(pinC, LOW);
digitalWrite(pinD, HIGH);
digitalWrite(pinE, LOW);
digitalWrite(pinF, HIGH);
digitalWrite(pinG, LOW);
delay(1);                              // esperar um segundo
digitalWrite(D1, LOW);
digitalWrite(D2, LOW);
digitalWrite(D3, LOW);
digitalWrite(D4, HIGH);
//3
digitalWrite(pinA, LOW);
digitalWrite(pinB, HIGH);
digitalWrite(pinC, LOW);
digitalWrite(pinD, HIGH);
```

```
digitalWrite(pinE, LOW);
digitalWrite(pinF, LOW);
digitalWrite(pinG, HIGH);
delay(1);                                   // esperar um segundo
/*
//4
digitalWrite(pinA, HIGH);
digitalWrite(pinB, LOW);
digitalWrite(pinC, LOW);
digitalWrite(pinD, HIGH);
digitalWrite(pinE, HIGH);
digitalWrite(pinF, LOW);
digitalWrite(pinG, LOW);
delay(1000);                                // esperar um segundo
//5
digitalWrite(pinA, LOW);
digitalWrite(pinB, HIGH);
digitalWrite(pinC, LOW);
digitalWrite(pinD, LOW);
digitalWrite(pinE, HIGH);
digitalWrite(pinF, LOW);
digitalWrite(pinG, LOW);
delay(1000);                                // esperar um segundo
//6
```

```
digitalWrite(pinA, LOW);
digitalWrite(pinB, HIGH);
digitalWrite(pinC, LOW);
digitalWrite(pinD, LOW);
digitalWrite(pinE, LOW);
digitalWrite(pinF, LOW);
digitalWrite(pinG, LOW);
delay(1000);                    // esperar um segundo
//7
digitalWrite(pinA, LOW);
digitalWrite(pinB, LOW);
digitalWrite(pinC, LOW);
digitalWrite(pinD, HIGH);
digitalWrite(pinE, HIGH);
digitalWrite(pinF, HIGH);
digitalWrite(pinG, HIGH);
delay(1000);                    // esperar um segundo
//8
digitalWrite(pinA, LOW);
digitalWrite(pinB, LOW);
digitalWrite(pinC, LOW);
digitalWrite(pinD, LOW);
digitalWrite(pinE, LOW);
digitalWrite(pinF, LOW);
```

```
digitalWrite(pinG, LOW);
delay(1000);                    // esperar um segundo
//9
digitalWrite(pinA, LOW);
digitalWrite(pinB, LOW);
digitalWrite(pinC, LOW);
digitalWrite(pinD, HIGH);
digitalWrite(pinE, HIGH);
digitalWrite(pinF, LOW);
digitalWrite(pinG, LOW);
delay(1000);                    // esperar um segundo
*/
}
```

2.10.Sensores de humidade com arduino unoFerramentas e peças necessárias

Exemplo 6

Sensores de humidade com arduino unoFerramentas e peças necessárias

1. Arduino uno (1pc)
2. Sensor de humidade do solo (DFRobot)
3. Cabo do sensor analógico (3 pinos)

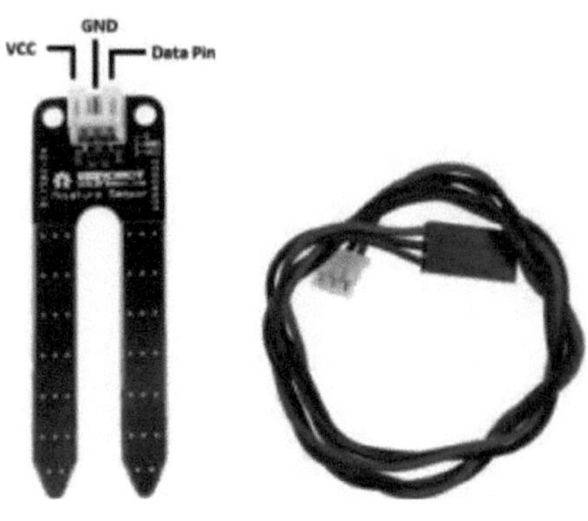

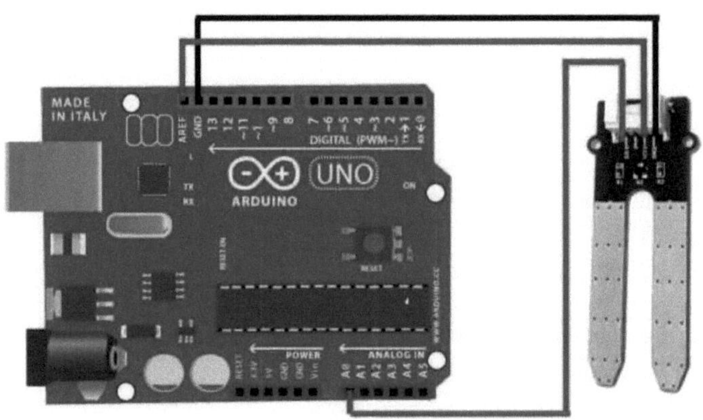

Para este sensor não é necessário construir nenhum circuito extra, pelo que o pino de dados do sensor de humidade do solo, que é o pino 3, está diretamente ligado ao pino de E/S analógico do arduino uno. Neste projeto, este pino está ligado ao pino analógico A0 do arduino uno. No entanto, surge a questão de saber porquê o pino analógico? A razão por trás do uso do pino de E / S analógico é porque o sensor fornece tensão analógica como saída. Uma vez que o arduino uno tem um conversor analógico-digital (ADC), poupa o amador de problemas. O Arduino uno faz toda a tarefa usando a função **analogRead()** e mostra o valor analógico.

/* # a descrição do valor do sensor

#	0 ~300 solo seco

```
#           300~700solo húmido
#     700~950em     água*/
void setup(){
Serial.begin(9600);
}
void loop(){
int soil_moisture=analogRead(A0); // ler do pino analógico A3
Serial.print("valor analógico: ");
se(humidade do solo<30) {
Serial.println("Solo seco");
}
se((humidade_do_solo>300)&&(humidade_do_solo<700)) {
Seriafprintlnf' Solo húmido");
}
se((humidade_do_solo>700)&&(humidade_do_solo<950)){
Seriafprintlnf "água");
}
}
```

Referências

1. Brain Evans, " Beginning Arduino Programming (Technology in Action), APress, 2011.

2. Simon Monk, "Programming Arduino Getting Started with Sketches", 2011.

3. John Nussey, "Arduino For Dummies", **Wiley, 2013**

4. John Crisp, "Introduction to Microprocessors and Microcontrollers 1st Edition", 2003.

5. N Senthil Kumar, M Saravanan , S Jeevananthan, "Microprocessadores e microcontroladores", 2011.

6. Richard Blum, "Arduino Programming in 24 Hours, Sams Teach Yourself" , 2014.

Printed by Books on Demand GmbH, Norderstedt / Germany